国家电网
STATE GRID

U0827805

供电服务调度
业务指导手册

国网浙江省电力有限公司丽水供电公司　编

中国电力出版社
CHINA ELECTRIC POWER PRESS

图书在版编目（CIP）数据

供电服务调度业务指导手册 / 国网浙江省电力有限公司丽水供电公司编.
—北京：中国电力出版社，2020.12
ISBN 978-7-5198-5108-8

Ⅰ.①供…　Ⅱ.①国…　Ⅲ.①供电－商业服务－电力系统调度－手册
Ⅳ.①TM73-62

中国版本图书馆 CIP 数据核字（2020）第 204254 号

出版发行：中国电力出版社
地　　址：北京市东城区北京站西街 19 号（邮政编码 100005）
网　　址：http://www.cepp.sgcc.com.cn
责任编辑：杨敏群（010-63412531）　柳　璐
责任校对：黄　蓓　朱丽芳
装帧设计：北京宝蕾元科技发展有限责任公司
责任印制：钱兴根

印　　刷：北京博图彩色印刷有限公司
版　　次：2020 年 12 月第一版
印　　次：2020 年 12 月北京第一次印刷
开　　本：710 毫米 ×980 毫米　16 开本
印　　张：6
字　　数：93 千字
定　　价：30.00 元

版权专有　侵权必究
本书如有印装质量问题，我社营销中心负责退换

编委会

主　编　赵汉鹰

副主编　蒋晓丽

委　员　傅　颖　章寒冰　范　甬　王荣根

杨　慧　詹永东　郑　健　杨嘹嘹

编写组

组　长　杨嘹嘹

副组长　滕　菲　吴良泉

成　员　陶珍峥　唐聆珂　俞　婧　应素长　范彦君

陈小蓉　周伟香　李　森　杨　鑫　唐超颖

刘　琳　王淑华　刘　窕　张慧芳　刘媛媛

杜　慧　林　琳　余松英　胡璐瑶　金洁菡

雷金美　马晶晶　蔡　艳　韩茜茜　郑仁义

张梁燕

前言

近年来，伴随电力体制改革的不断深化，电力市场发展的速度加快，社会用电群体对电力企业服务体验的要求日益高涨，电力企业面临着诸多压力和挑战。国网浙江省电力有限公司丽水供电公司（简称国网丽水供电公司）聚焦人民美好生活需求，坚持“人民电业为人民”的宗旨，加快构建以客户为中心的现代服务体系，深化大数据分析应用，全面助力社会经济高质量发展，切实满足人民对美好生活的需求。

为了适应新形势下的客户服务工作，国网丽水供电公司以客户需求为导向，以提升公司供电服务质量为目标，依托“全渠道受理业务，全天候响应诉求，全方位调度资源，全流程管控作业”的模式，构建供电服务调度体系，成立服务调度班，并从渠道、管控、规范和应急四个方面编写本手册，全面指导供电服务调度业务开展。

目录
CONTENTS

PART 4 规范篇

PART 5 应急篇

PART 1 基础篇

服务调度实行7×24小时运作，采用“全渠道受理业务，全天候响应诉求，全方位调度资源，全流程管控作业”的模式，依托95598系统、全业务监控平台、供电服务指挥平台、服务调度平台、国网公众号和网上国网App等载体，协调服务资源，响应客户诉求，深入过程管控，提升客户满意度。

1

全渠道受理业务

通过电子平台、服务热线、政府部门等渠道，受理业务

2

全天候响应诉求

服务调度坐席7×24小时全天候响应客户诉求

3

全方位调度资源

横向协同、纵向调度，合理安排资源服务客户

4

全流程管控作业

分解作业流程，分级预警督办，提升供电服务关键指标

一 工作内容

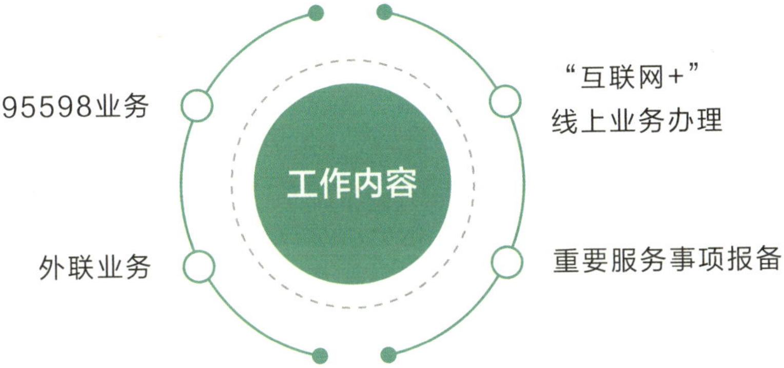

二 岗位设置

供电服务指挥中心服务调度班的岗位设置包括班长、值长、95598坐席和线上办电坐席。

三 岗位职责

班长岗位职责

制度管理

制度执行： 贯彻执行上级部门制定的标准、制度、文件精神。

制度优化： 健全和完善本班组管理的相关办法、制度，并组织实施。

日常工作

工作计划编制： 负责编制本班组周、月度、季度和年度工作实施计划。

报表审核： 负责本班组日常各类数据、报表审核工作。

工作协调： 负责做好与客户及本单位内部相关业务部门交互协调的工作事项。

工作总结： 负责定期编制本班组工作总结。

电子运营协助： 负责协助公司营销部开展电子渠道运营工作。

指标发布： 负责对客户满意度、“互联网+”线上业务受理率、95598工单处理质量、客户投诉率等供电服务关键指标进行发布。

员工管理

员工培训： 负责组织技术培训、合理化建议、QC小组等活动。

工作监督： 根据班组绩效考核管理办法，对班组成员作出评定。

其他

应急处置： 负责敏感、突发等事件的协调、上报和处理。

其他工作： 完成上级领导交办的其他各项工作。

值长岗位职责

制度落实

协助执行： 协助班长执行相关标准、制度、文件精神。
工作反馈： 及时将制度执行中存在的问题向班长反馈。

日常工作

工作完成： 负责带领本值坐席完成当值工作，负责开展交接班工作。
报表审核： 负责本值日常各类数据、报表审核工作。
工作协调： 负责协调上级和相关部门的业务开展，负责指挥下级单位的业务实施。
工作总结： 负责编制值班日志，总结本值日常工作开展情况。

其他

问题汇报： 对发现的敏感、疑难问题及时向班长汇报。
其他工作： 完成上级交办的其他各项工作。

95598坐席岗位职责

- 负责接收、派发95598和外联工单，审核工单回复内容的合理性、准确性，对不符合要求的工单退回重新办理。
- 负责全过程监控工单的处理进度和质量，对临期、超期的工单进行管控、督办和汇报。
- 负责重大服务事件、敏感工单的处置和汇报。
- 负责重要服务事项的审核、录入、跟踪，在系统标记成功后进行通告。
- 负责编写本值各类报表。
- 完成上级交办的其他各项工作。

线上办电坐席岗位职责

- 负责线上办电业务受理，对申请信息的完整性、准确性、属实性进行审核，按营业受理规范发起流程。
- 负责与客户预约现场服务时间，根据客户申请要求及班组工作承载力分配工单，将预约时间、现场工作等信息发送给客户及相应现场服务人员。
- 负责跟踪现场服务班组及人员的到达及工作完成时间，跟踪服务的响应速度、服务态度、服务质量，并向值长反馈。
- 负责业务回访和服务结果告知，收集客户意见提交值长，并进行内部的协调处置。
- 负责配合开展业扩全流程管控工作。
- 负责编写本值各类报表。
- 完成上级交办的其他各项工作。

PART 2 渠道篇

服务调度班通过95598客服热线、网上国网App等渠道受理客户用电诉求，根据类型分为95598业务、线上业务和外联业务，通过公司内部协调处理。

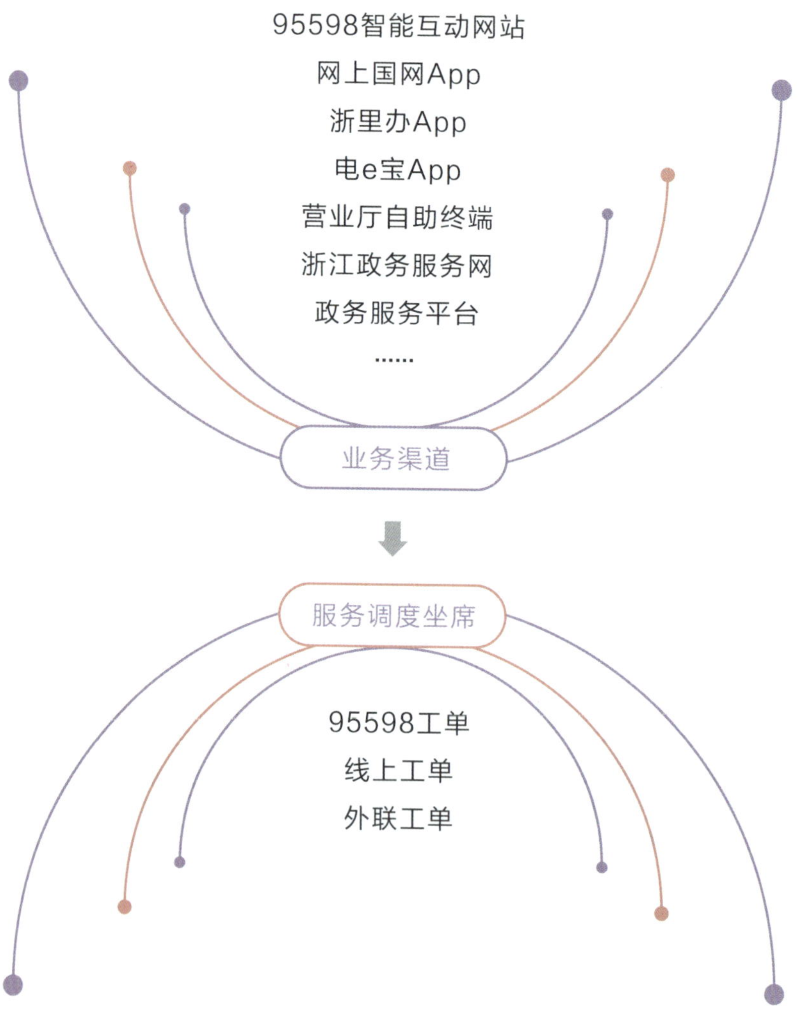

一 95598业务

1 业务渠道

2 业务介绍

业务分类

95598工单按业务类型分为故障工单和非故障工单。

故障工单	• 故障报修工单	
非故障工单	• 非直派工单	投诉、意见
	• 直派工单	业务咨询、举报、建议、表扬、服务申请

业务流程

故障工单

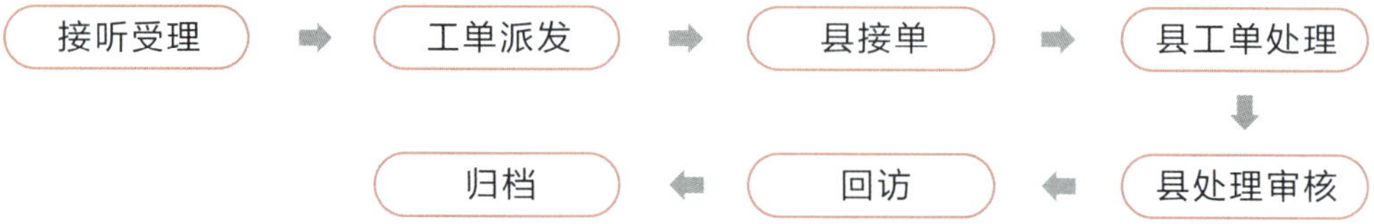

非故障工单

3 作业流程及详解

01 工单接收

服务调度坐席通过95598系统接收非故障工单。

02 工单派发

市级服务调度坐席根据业务类型和所辖范围派发至对应职能部室（联络员）和供指分中心。

03 工单处置

职能部室和供指分中心负责在时限范围内处理工单，并按照工单回复要求在系统中规范反馈。

04 工单审核

服务调度坐席根据要求进行审核。

05 工单反馈

服务调度坐席审核确认后，反馈工单。

4 时限要求

接派单时限要求

<table>
<tr><th colspan="2">工单分类</th><th>业务类型</th><th>地市接单时限</th><th>备注</th></tr>
<tr><td colspan="2">故障工单</td><td>故障</td><td>3分钟</td><td>从国网客服中心工单派发完成至PMS/供服系统接单派工完成，需在3分钟内完成</td></tr>
<tr><td rowspan="7">非故障工单</td><td rowspan="2">非直派工单</td><td>投诉</td><td rowspan="7">2个（工作）小时</td><td rowspan="7">• 投诉、意见从省客服中心工单派发完成到地市公司接单完成
• 其余为国网客服中心工单派发完成至地市公司接单派工完成
• 工作小时是指工作日的8：00-12：00和13：30-17：30</td></tr>
<tr><td>意见</td></tr>
<tr><td rowspan="5">直派工单</td><td>举报</td></tr>
<tr><td>咨询</td></tr>
<tr><td>建议</td></tr>
<tr><td>表扬</td></tr>
<tr><td>服务申请</td></tr>
</table>

处理时限要求

95598工单处理时限以国家电网有限公司文件为准，下面以国网丽水供电公司处理管控时限为例。

业务类型	国家电网有限公司及省公司时限	市公司时限	县公司时限	处理部门时限
故障	• 城区43分钟到达现场 • 农村88分钟到达现场 • 特殊偏远地区118分钟到达现场	同国家电网有限公司及省公司时限	同国家电网有限公司及省公司时限	同国家电网有限公司及省公司时限
投诉	3.75个工作日	3个工作日	2.5个工作日	2个工作日
意见	4个工作日	3.5个工作日	3个工作日	2.5个工作日
咨询	4个工作日	3.5个工作日	3个工作日	2.5个工作日
举报	9个工作日	8个工作日	7个工作日	6个工作日
建议	9个工作日	8个工作日	7个工作日	6个工作日
表扬	无处理时限	无处理时限	无处理时限	无处理时限
服务申请	电能表异常4个工作日	3.5个工作日	3个工作日	2.5个工作日
	电能表数据异常4个工作日	3.5个工作日	3个工作日	2.5个工作日
	电器损坏核损24小时到达现场 • 回单时长：处理完毕后1个工作日以内 • 总处理时长：没有明确要求，24小时到达现场，系统内实际为23小时40分钟	同国家电网有限公司及省公司时限	同国家电网有限公司及省公司时限	同国家电网有限公司及省公司时限
	欠费复电登记24小时内恢复送电，系统内实际为23小时40分钟	同国家电网有限公司及省公司时限	同国家电网有限公司及省公司时限	同国家电网有限公司及省公司时限
	其余类型5个工作日	4.5个工作日	4个工作日	3.5个工作日

5 工单回复要求

单张工单审核时，可采用以下口诀步骤处理。

工单审核有诀窍，编个口诀把你教。
先把受理内容看，再把处理意见瞧。
一审模版对不对，二查要素少不少。
三审逻辑通不通，四查时间对应牢。
五听录音符不符，最后再把附件瞧。
七字口诀牢牢记，工单审核没烦恼。

多张工单审核时，应优先处理临近处理时限的工单，避免处理超时。

1 工单受理内容确认

- 内容确认：

通过确认客户诉求判断国网客服中心业务类型选择是否准确，进而确定。

② 回单要素确认

- 回单模版：

  模板中必填项是否为空，是否删减模板内容。

- 确认内容详实：

  六要素需齐全，处理时间完整直观，处理人信息清晰，处理经过详实，客户意见明确，处理结果应正面答复。

- 确认客户信息：

  回单内容中客户编号、联系号码等客户信息，需与受理内容中的客户信息保持一致。

- 投诉首次联系时间：

  投诉工单处理部门在县接单（下级接单派发）环节之后24小时内必须联系客户（除保密工单外），并填写首次联系时间。

③ 回单逻辑确认

- 工单属实性：

  投诉、意见、举报属实性应与回单内容描述保持一致。

- 回单内容：

  回单内容中不应出现明显违背公司相关规定的描述。

④ 处理时间确认

- 处理时间确认：

  处理结果中的处理时间应在县接单环节（下级接单派发）之后回单确认。投诉工单处理时间应与首次联系时间一致。

5 处理录音确认

- 处理确认录音收集。

收集处理确认录音的人员应先调听工单受理录音，再联系客户，需判断客户身份是否一致，不一致时需在录音中与客户进行身份核对，并在回单内容中加以说明。

- 上传的录音应能发挥支撑作用，需包含三点内容：客户身份核对、客户诉求核对、客户对处理结果认可情况采集。
  - **客户身份核对要求**：姓氏、手机尾号（如存在多个手机号的，以致电的客户号码为准）、地址，三者选其一确认即可。若下派工单的联系人未带姓氏，只写了先生/女士，要核对手机尾号。
  - **客户诉求核对要求**：与客户核对每一个诉求，确认都得到解决。具体做法参考南中心回访录音。
  - **客户对处理结果认可情况采集要求**：录音中工作人员必须询问对事件处理的认可度（不论客户是否认可）。

- 工作人员原则上必须使用普通话。

遇方言时工作人员可以使用方言向客户表明供电公司“使用普通话”的工作要求，征得客户同意后，可使用普通话与客户联系确认。如客户不认可普通话交流时，使用方言与其交流。在上传“处理确认录音”时，同步上传“普通话翻译文件”，文件时间较长的应注明客户身份核对、客户诉求核对、客户意见三个要点的时间段，并对其进行文字描述。

- 处理确认录音中不可出现再联系客户处理等类似工单未处理完结的话术。

当客户有疑义，需正面答复时，如无法立即答复，需再次提交处理部门处理，待处理完结后再次告知，工单中只需附最后一次的处理确认录音。

❻ 支撑材料确认

支撑材料可有效证明回单内容与实际处理过程一致，避免南中心回访时客户答复无人联系处理而被退单的情形出现。

- 智能交费业务：

  涉及智能交费业务的工单需附用户协议签名页面作为附件，必要时添加视频佐证材料。遇代签、租户等导致签名和户名不符时，需附智能交费协议签订委托书。

- 不认可工单：

  对于客户提出不合理诉求但不符合最终答复适用范围的工单，应随单上传“工单不满意办结审批单”以及证明材料。“工单不满意办结审批单”应填写国家电网工单号，由处理部门负责人签字并加盖处理部门公章。

- 其他要求：

  审核上传附件，确保附件与回单内容保持一致。

7 其他注意点

- 受理内容与现场不符：

  当受理内容一、二、三级分类与现场实际不符时，需在回单内容开始标明实际对应的工单一级、二级和三级分类。

- 字数限制说明：

  当字数超过系统限制时，在工单回复内容中以“因字数限制，详细内容详见附件”说明并上传包含完整回单内容的文档。

- 故障报修工单：

  ▷ 故障报修工单应填写关联台区、0.4kV及10kV线路、故障设备。

  ▷ 高压故障应关联停电信息。

  ▷ 不允许违规合并报修工单。

- 投诉工单：

  ▷ 投诉工单应填写责任供电所信息。

  ▷ 投诉工单应采集客户编号信息。

  ▷ 频繁停电工单应按规定填写停电次数、关联台区、0.4kV及10kV线路。如涉及总保应在回单内容中填写总保编号。

  ▷ 电压质量长时间异常投诉应规范勾选停电原因。

- 供电所选项填写说明：

  应正确勾选系统内供电所下拉选项，无法勾选供电所的应在工单回复内容第二点（2.处理人）中写明原因即可。

- 客户编号填写说明：

  系统内客户编号1处应填写该客户的真实户号，如无法填写客户编号1，应在处理经过中解释说明。

6 最终答复

最终答复适用范围

1

因青苗赔偿（含占地赔偿、线下树苗砍伐）、停电损失、家电赔偿、建筑物（构筑物）损坏引发经济纠纷，供电企业确已按相关规定处理，但客户诉求仍超出国家有关规定的。

2

因触电、电力施工、电力设施安全隐患等引发的伤残或死亡事件，供电企业确已按相关规定答复处理，但客户诉求仍超出国家有关规定的。

3

因醉酒、精神异常、限制民事行为能力的人提出无理要求，供电企业确已按相关规定答复处理，但客户诉求仍超出国家有关规定的。

4

因供电企业电力设施（如杆塔、线路、变压器、计量装置、分支箱等）的安装位置、安全距离、噪声、校表结果和电磁辐射引发纠纷，供电企业确已按相关规定答复处理，但客户诉求仍超出国家或行业有关规定的。

填写要求

1 最终答复工单，必须在正式回单内容前加“最终答复”标示。

2 最终答复工单，回单时需在是否最终答复一栏进行勾选，填写客户信息及相关回单信息。

3 扫描附件必须同时有县（市本级处理单位）、市、省三级公章。

4 95598系统内回单内容需与盖章扫描件内容保持一致。

5 非故障工单扫描件必须在系统内上传。

6 故障工单扫描件发省中心中控，经电话确认后再流转工单，并在回单内容“最终答复”标示后注明：系统原因无法上传附件，已通过RTX报送。

7 附件模板中“向客户解释（联系电话）”“告知客户（联系电话）”应将客户的联系方式填入括号内，客户联系电话必须与工单内联系电话一致，若电话不一致，需针对电话不一致情况进行解释说明。未填写联系方式且未说明原因的，按不规范处理并退单。

8 不符合以上要求的工单不得添加“最终答复”标示，不得上传最终答复单扫描件，如需添加附件，仅可冠以情况说明名义。

最终答复审核流程

初审

各县公司：按国家电网模板规范起草最终答复单，将最终答复电子版初稿（要求为PDF版）通过OA发市公司进行审核。

市公司：审核通过后，由市公司将初稿通过OA发“省客服中心业务管控”和“省客服中心业务支撑”，并在工作日（8：30-17：00）通过电话联系省客服中心业务管控专职（简称省中心专职）。

省中心：省客服中心初审通过后，通知县公司将通过初审的最终答复单进行逐级盖章。

复审

各县公司：将盖章后的最终答复单（PDF版）及全部材料经市公司通过OA发“省客服中心业务管控”和“省客服中心业务支撑”，并电话联系省中心专职。

省中心：审核通过后返回地市公司。

回单确认

各县公司：处理部门将通过复审的最终答复单上传至系统，添加“最终答复”标示后提交。

市公司：在95598系统内审核通过最终答复工单后，电话通知省客服中心中控人员，告知“国网工单号XX”最终答复已通过系统上报，中控人员同意后，方可回单。

最终答复流程图

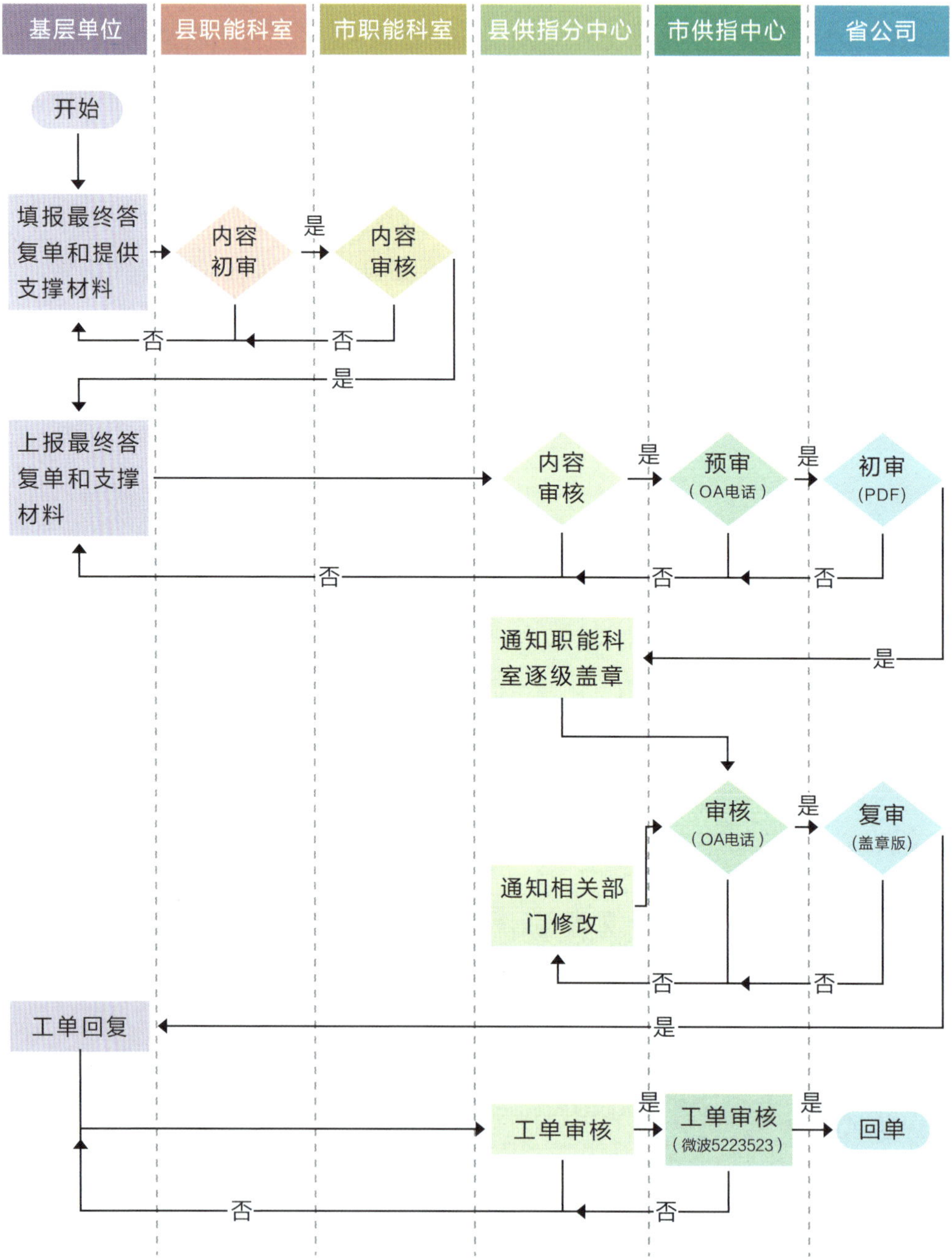
基层单位
县职能科室
市职能科室
县供指分中心
市供指中心
省公司
开始
填报最终答复单和提供支撑材料
内容初审
是
内容审核
否
否
是
上报最终答复单和支撑材料
内容审核
是
预审（OA电话）
是
初审（PDF）
否
否
否
通知职能科室逐级盖章
是
审核（OA电话）
是
复审（盖章版）
通知相关部门修改
否
否
工单回复
是
工单审核
是
工单审核（微波5223523）
是
回单
否
否

7 重要服务事项报备

重要服务事项报备范围

- 配合政府机构工作，需要采取停限电或限制接电等措施影响供电服务的事项。

- 因系统升级、改造无法为客户提供正常服务，对供电服务造成较大影响的事项。

- 因地震、泥石流、洪水灾害、龙卷风、山体滑坡等恶劣天气造成的较大范围停电、供电营业厅或第三方服务网点等服务中断，对供电服务有较大影响的事项。

- 供电公司确已按相关规定答复处理，但客户诉求仍超出国家有关规定的，对供电服务有较大影响的个体重要服务事项。

- 因私人问题引起的经济纠纷、个人恩怨、违约用电及窃电用户不满处罚结果，来电反映服务态度和规范可能引起的恶意投诉事项。

- 因推广新业务或其他国家电网有限公司、省政府统推项目和重点工作，可能引起的供电服务投诉事项。

全市95598重要服务事项报备流程

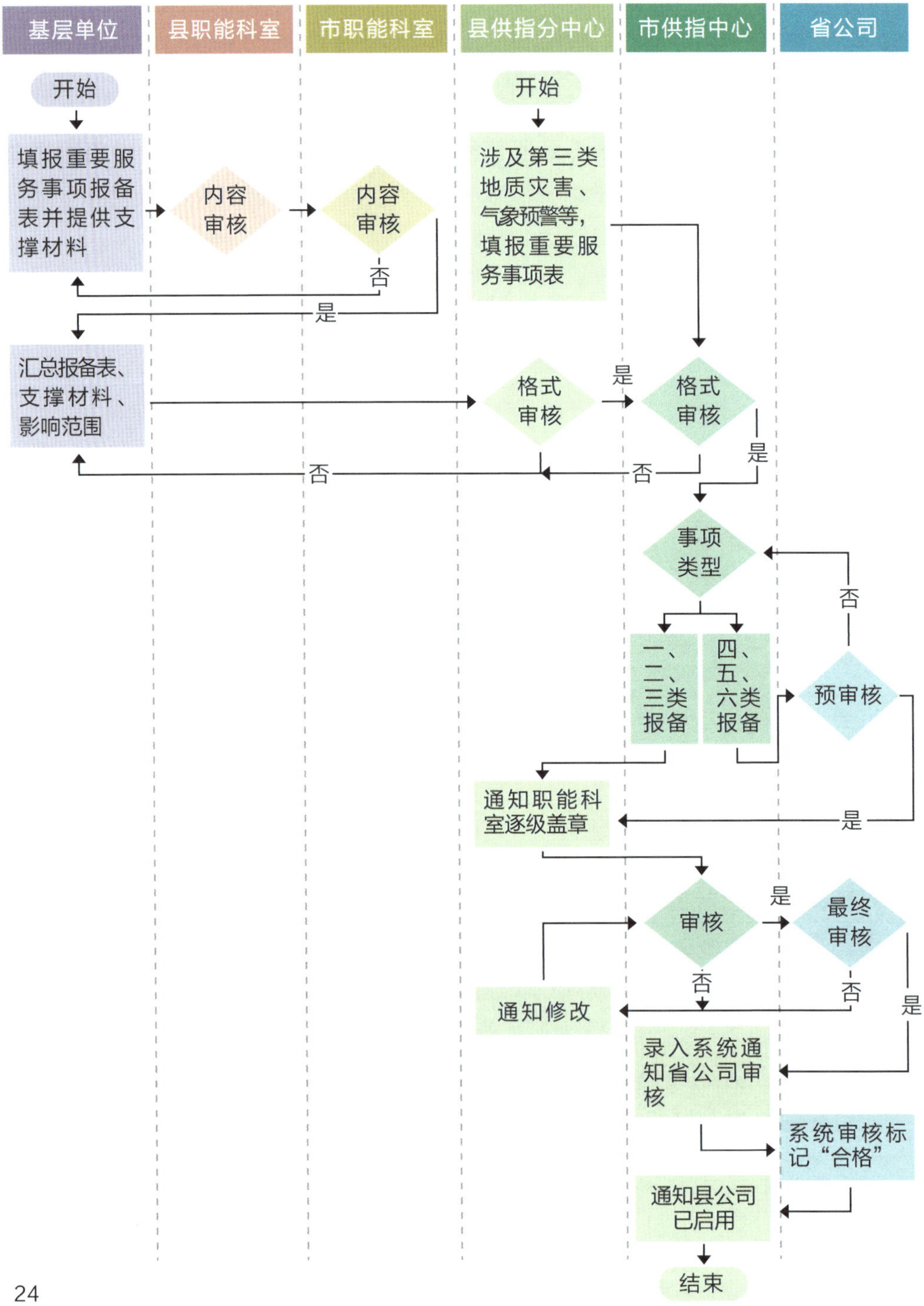

二 线上业务

1 业务渠道

2 业务介绍

主要有以下22种业务类型：

• 低压居民新装	• 更名
• 低压居民增容	• 减容（减容恢复）
• 低压非居民新装	• 暂停（暂停恢复）
• 低压非居民增容	• 改类 · 调居民峰谷表
• 高压新装	• 增值税用户变更
• 高压增容	• 电能表、互感器校验
• 居民分布式电源申请（居民光伏发电并网申请）	• 容量/需量变更
• 非居民分布式电源申请	• “两保户”申请
• 低压客户充换电设施申请	• 一户多人口
• 高压充换电设施申请	• 储备项目入库
• 过户	• 其他办电

线上工单每类型业务在业务受理环节，客户需要提供以下资料：

序号	业务类型	资料名称	备注
1	低压居民新装	(1)客户身份证明 (2)房屋产权证明或其他证明文书 (3)经办人有效身份证明	(1)、(2)必备 (3)委托代理人办理用电业务时必备
2	低压居民增容	(1) 客户身份证明 (2) 经办人有效身份证明	(1)必备 (2)委托代理人办理用电业务时必备

序号	业务类型	资料名称	备注
3	低压非居民新装	(1) 客户身份证明 (2)房屋产权证明或其他证明文书 (3)授权委托书（自然人客户不需要提供） (4)经办人有效身份证明 (5)房屋租赁合同(协议) (6)产权所有人同意用电申请的说明原件 (7)一般纳税人资格证书、银行开户许可证或银行开户信息证明（包括开户行名称、银行账号等信息）	(1)、(2)必备 (3)、(4)委托代理人办理用电业务时必备 (5)、(6)租赁户办理时必备 (7)需要开具增值税发票客户必备
4	低压非居民增容	(1) 用电户主体证明 (2)授权委托书（自然人客户不需要提供） (3) 经办人有效身份证明	(1)必备 (2)、(3)委托代理人办理时必备
5	高压新装	(1) 客户身份证明 (2)房屋产权证明或其他证明文书 (3)授权委托书（自然人客户不需要提供） (4) 经办人有效身份证明 (5)项目批复（核准、备案）文书 (6)房屋租赁合同(协议) (7)承租人有效身份证明 (8)重要用户等级申报表和重要负荷清单 (9)政府主管部门核发的能评、环评意见，对涉及国家优待电价的应提供政府有权部门核发的意见	(1)、(2)必备 (3)、(4)委托代理人办理时必备 (5)按规定需要政府批复（核准、备案）的必备 (6)、(7)租赁户办理时必备 (8)需要列入重要电力用户的必备 (9)享受国家优待电价的必备 (10)需要开具增值税发票客户必备

序号	业务类型	资料名称	备注
5	高压新装	(10)一般纳税人资格证书、银行开户许可证或银行开户信息证明（包括开户行名称、银行账号等信息） (11) 组织机构代码	
6	高压增容	(1) 用电户主体证明 (2)房屋产权证明或其他证明文书 (3)授权委托书（自然人客户不需要提供） (4) 经办人有效身份证明 (5)项目批复（核准、备案）文书，政府主管部门核发的能评、环评意见	(1)、(2)必备 (3)、(4)委托代理人办理时必备 (5)按规定需要政府批复（核准、备案）的必备
7	居民分布式电源申请（居民光伏发电并网申请）	(1) 客户身份证明 (2)房屋产权证明或其他证明文书 (3)经办人有效身份证明 (4)关于同意XX居民家庭申请安装分布式光伏发电的项目同意书（浙电营43-2015附表1） (5)关于同意XX居民家庭申请分布式光伏发电项目开工的许可意见（浙电营43-2015附表2） (6)居民光伏项目的项目同意书（浙电营43-2015附表3）	(1)、(2)必备 (3)委托代理人办理时必备 若属于项目建设在公寓等住宅小区的共有屋顶或场所的，应提供(4)、(5)和(6)

序号	业务类型	资料名称	备注
8	非居民分布式电源申请	(1)客户身份证明 (2)授权委托书 (3)经办人有效身份证明 (4)土地合法性支持文件 (5)政府主管部门同意项目开展前期工作的批复 (6)发电项目前期工作及接入系统设计所需资料 (7)用电（如一次主接线图、负荷情况等）相关资料 (8)建筑物及设施使用或租用协议 (9)物业、业主委员会或居民委员会的同意建设证明	(1)、(4)必备 (2)、(3)委托代理人办理时必备 (5)需核准项目必备 (6)380/220V多并网点接入或10kV及以上接入项目必备 (7)大工业客户必备 (8)合同能源管理项目或公共屋顶光伏项目必备 (9)住宅小区居民使用公共区域建设项目必备
9	低压客户充换电设施申请	(1) 客户身份证明 (2)固定车位产权证明或产权单位许可证明 (3)物业出具同意施工的书面说明 (4)低压非居民客户，还应提供客户停车位（库）平面图 (5)授权委托书（自然人客户不需要提供） (6)经办人有效身份证明	(1)、(2)、(3)必备 (4)低压非居客户必备 (5)、(6)委托代理人办理时必备
10	高压充换电设施申请	(1) 客户身份证明 (2)授权委托书（自然人客户不需要提供） (3)经办人有效身份证明 (4)固定车位产权证明或产权单位许可证明 (5)客户停车位（库）的平面图	(1)、(4)、(10)、(11)、(12)必备 (2)、(3)委托代理人办理时必备

序号	业务类型	资料名称	备注
10	高压充换电设施申请	(6)物业部门出具允许施工的书面说明 (7)政府职能部门有关项目立项的批复文件 (8)主要充电设备符合国家和行业标准的证明材料 (9)施工单位的资质证书（若中间检查环节已提供，无需再次提供） (10)接地电阻测量记录 (11)施工单位出具的竣工图及说明、电气 (12)试验报告及保护整定调试记录 (13)值班电工名单及资格	
11	过户（“集中装表分户接电”模式申请实名接电）	(1)客户身份证明 (2)房屋产权证明或其他证明文书 (3)经办人有效身份证明	(1)、(2)必备 (3)委托代理人办理用电业务时必备
	过户（常规过户）	(1)双方身份证明 (2)房屋产权证明或其他证明文书 (3)授权委托书（自然人客户不需要提供） (4)经办人有效身份证明 (5)房屋产权证明或土地权属证明 (6)项目批复（核准、备案）文书 (7)房屋租赁合同（协议） (8)承租人有效身份证明 (9)房东出具的解除原租赁户租赁协议的文书（原用电户为租赁户，且无法提供资料的） (10) 一般纳税人资格证书	(1)、(2)、(5)必备 (3)、(4)委托代理人办理时必备 (6)按规定需要政府批复（核准、备案）的必备 (7)、(8)、(9)租赁户办理时必备 (10)需要开具增值税发票客户必备

序号	业务类型	资料名称	备注
12	更名	(1)用电户主体证明 (2)授权委托书（自然人客户不需要提供） (3)经办人有效身份证明 (4)用电户主体变更证明材料，如工商局更名证明书等	(1)、(4)必备 (2)、(3)委托代理人办理时必备
13	减容 （减容恢复）	(1)用电户主体证明 (2)授权委托书（自然人客户不需要提供） (3)经办人有效身份证明	(1)必备 (2)、(3)委托代理人办理时必备
14	暂停 （暂停恢复）	(1)用电户主体证明 (2)授权委托书（自然人客户不需要提供） (3)经办人有效身份证明	(1)必备 (2)、(3)委托代理人办理时必备
15	改类 · 调居民峰谷表	(1)用电户主体证明 (2)经办人有效身份证明	(1)必备 (2)委托代理人办理时必备
16	增值税用户变更	(1)用电户主体证明 (2)一般纳税人资格证书、银行开户许可证或银行开户信息证明（包括开户行名称、银行账号等信息） (3)授权委托书（自然人客户不需要提供） (4)经办人有效身份证明	(1)、(2)必备 (3)、(4)委托代理人办理时必备
17	电能表、 互感器校验	(1)用电户主体证明 (2)授权委托书（自然人客户不需要提供） (3)经办人有效身份证明	(1)必备 (2)、(3)委托代理人办理时必备 注：校验之前需要确认户名是否合规，是否符合开票规范

序号	业务类型	资料名称	备注
18	容量/需量变更	(1)用电户主体证明 (2)授权委托书（自然人客户不需要提供） (3)经办人有效身份证明	(1)必备 (2)、(3)委托代理人办理时必备
19	“两保户”申请	(1)“两保户”户主身份证明 (2)民政部门颁发的“低保户”或“五保户”证明 (3)户口簿或者户籍证明 (4)集中供养的“两保户”名册 (5)集中供养单位营业执照（或组织机构代码证，宗教活动场所登记证，社会团体法人登记证书） (6)集中供养单位法人代表（或负责人）有效身份证明复印件（同自然人） (7)户主身份证明 (8)经办人身份证明 (9)授权委托书	(1)、(2)、(3)必备 (4)自然人集中供养办理时必备 (5)、(6)非自然人集中供养办理时必备 (8)非“两保户”自有产权时必备 (9)委托代理人办理时必备
20	一户多人口	(1)房屋产权证明或其他证明文书 (2)户主、经办人员身份证 (3)户口簿原件 (4)政府相应部门的拆迁证明 (5)政府相关部门及军队师（旅）级以上单位政治机关出具的证明材料	(4)拆迁证明需原拆原建 (5)军队士官等户口无法迁入的需提供 注：户口簿上所载居住地址需与房产证明地址一致
21	储备项目入库	政府工程建设项目审批平台数据直接推送到服务调度平台，在服务调度平台进行线上审核操作，审核通过后发送给客户经理	

说明：

客户身份证明：

- 自然人：身份证、军人证、护照、户口簿或公安机关户籍证明。
- 法人或其他组织（自然人客户不需要提供）：法定代表人（或负责人）有效身份证明复印件（同自然人）；经加盖单位公章的业务申请表单或营业执照（或组织机构代码证，宗教活动场所登记证,社会团体法人登记证书，军队、武警出具的办理用电业务的证明)。

房屋产权证明或其他证明文书：

- 房屋所有权证、国有土地使用证、集体土地使用证。
- 购房合同。
- 含有明确房屋产权判词且发生法律效力的法院法律文书（判决书、裁定书、调解书、执行书等）。
- 若属农村用房等无房产证或土地证的，须由所在镇（街道、乡）及以上政府或房管、城建、国土管理部门根据所辖权限开具产权合法证明。
- 租赁协议或土地权利人出具的场地使用证明。

3 作业流程及详解

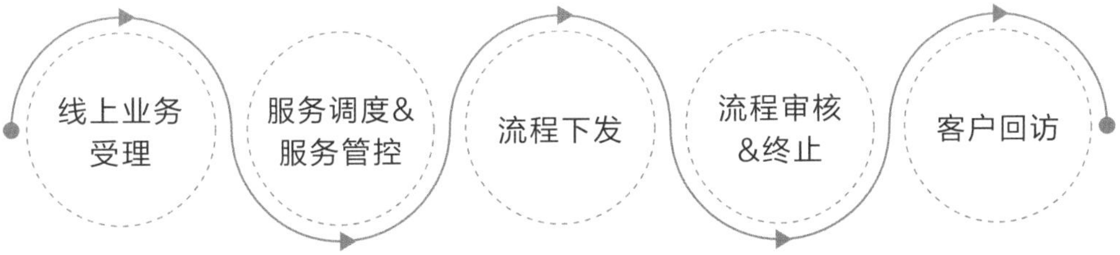

线上业务受理

电子资料审核

电子资料审核需根据相关业务工作规范，依托供电服务调度平台开展。服务调度人员需对客户电子资料的准确性、完整性和有效性进行审核，查验客户电子资料是否符合业务办理要求。收资规则要求参见《国网浙江省电力有限公司业扩报装及变更用电收资及表单使用规范》。原则上电子资料审核需在申请递交的1个工作日内完成。

特殊情况：

- **存在缺件、信息不清或拍摄不完整的情况**，服务调度人员在审核结果中选择“不通过回退”并发送，将工单回退至原申请渠道。同时系统会自动向客户推送回退信息，信息内容包括回退原因。（必要时需要电话告知客户）
- **经审核确定客户存在申请业务类型错误、重复申请等情况**，服务调度人员在审核结果中选择“不通过归档”并发送，进行工单归档，同时系统自动向客户推送未成功办理信息，信息内容包括未成功办理原因及继续办理建议。（必要时需要电话告知客户）

与客户预约现场服务时间

根据现场班组承载力和客户意向，服务调度人员跟客户预约具体上门服务时间。

营销业务流程正常发起

电子资料审核无误后，服务调度人员在审核结果中选择“通过”并发送。

◉ 常见业务操作

典型业务一：低压居民新装

低压居民新装（1）

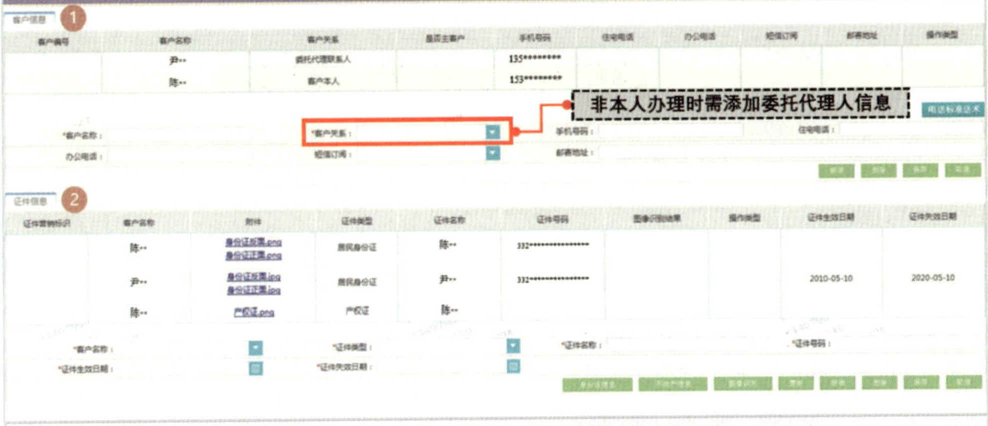

（1）客户信息：客户信息里的客户关系一定要有客户本人、电气联系人、账户联系人信息。
（2）证件信息：本人办理时必须要身份证、产权证，非本人办理时需要委托书、产权证、互助及经办身份证。

低压居民新装（2）

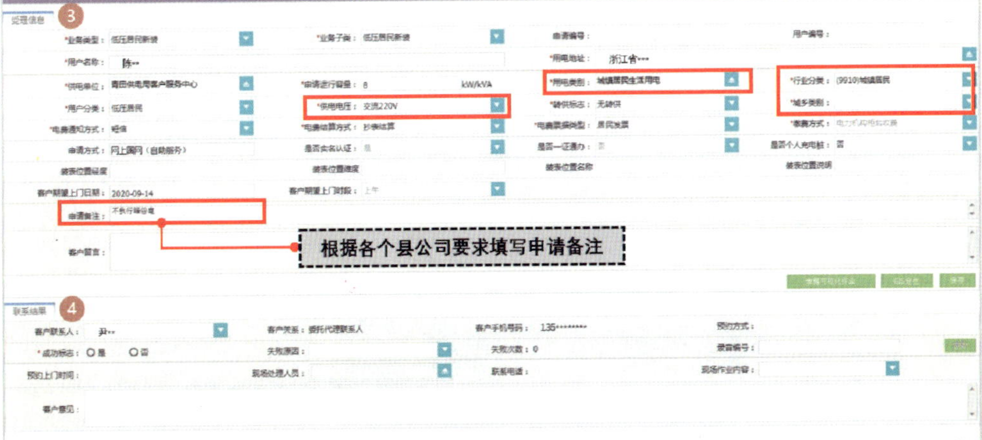

供电电压、用电类别、行业分类、城乡类别根据用户需求进行选择。

低压居民新装（3）

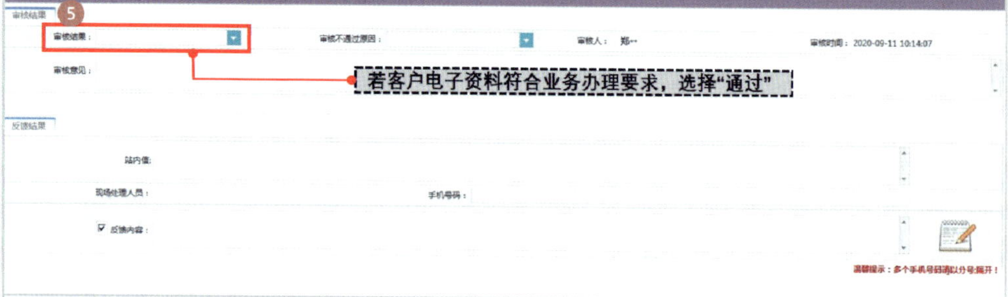

若客户电子资料符合业务办理要求，在审核结果选择“通过”，然后点击发送。

典型业务二： 过户

过户（1）

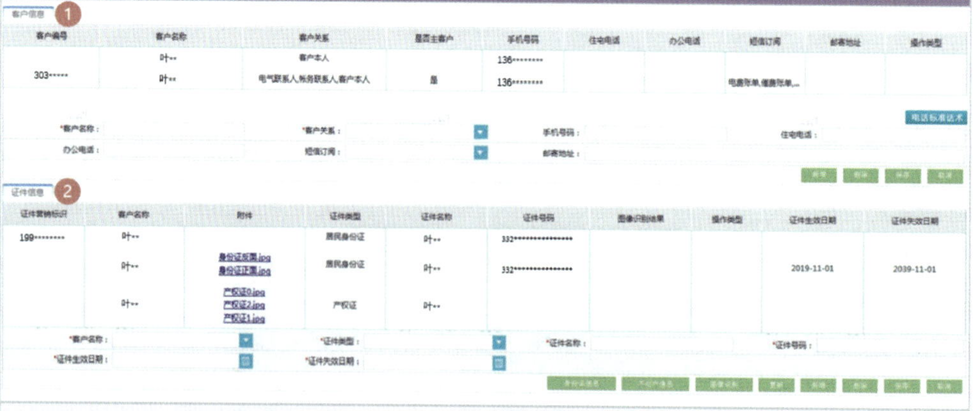

（1）客户信息、证件信息里把主客户信息改成新进用户信息，然后删除新进流程用户信息（跟更名流程一致）。

（2）过户流程在发送环节无法下发，提示证件信息对应不上，可以先保存该流程并产生流程号，再进入营销系统待办工作单，将有主户标志联系信息维护为新户信息，回到快响系统发送。

过户（2）

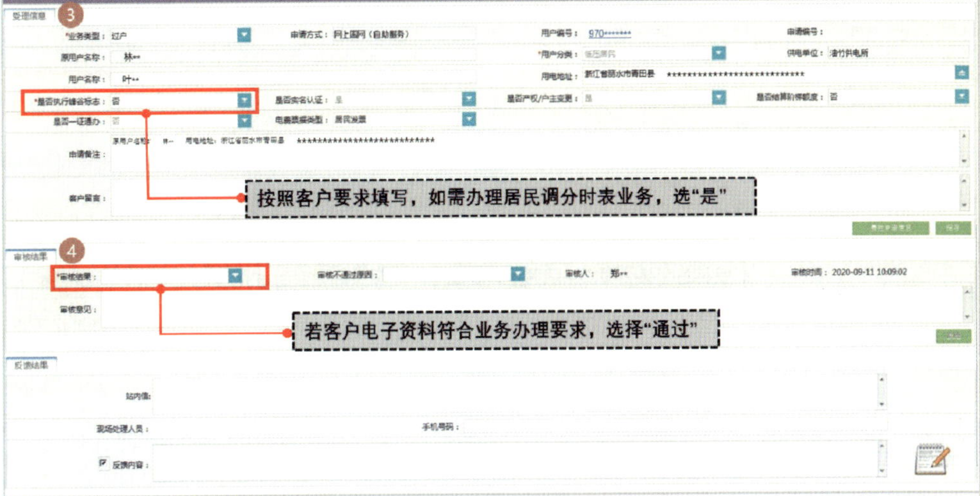

若客户电子资料符合业务办理要求，在审核结果选择“通过”，然后点击发送。

典型业务三：高压新装

高压新装（1）

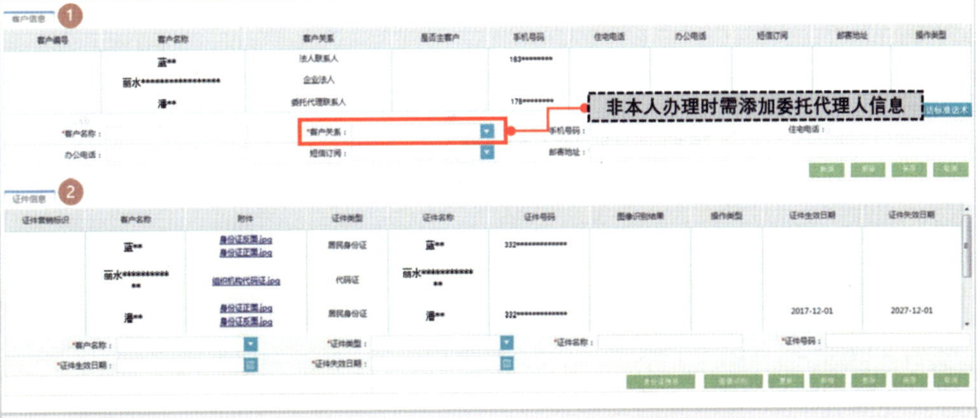

（1）客户信息：客户关系一定要有企业法人、法人联系人、电气联系人、账户联系人信息。

（2）证件信息：本人办理时必须要身份证、产权证、营业执照，非本人办理时需要委托书、产权证、营业执照、法人及经办人身份证。

高压新装（2）

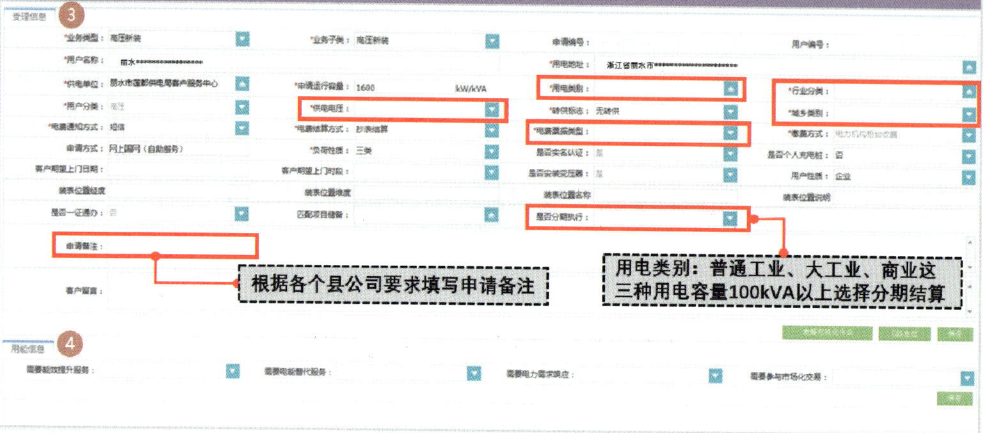

供电电压、用电类别、行业分类、城乡类别根据用户需求选择。

高压新装（3）

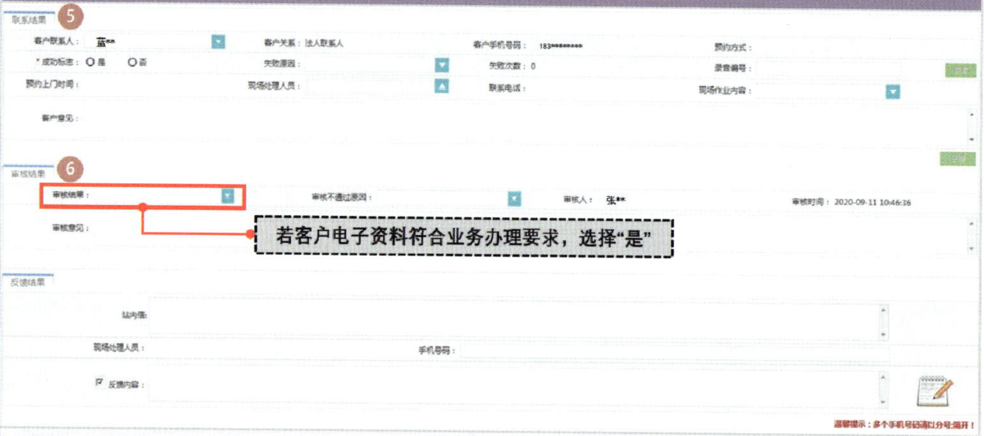

客户电子资料符合业务办理要求，在审核结果选择"通过"，然后点击发送。

典型业务四：校验

校验（1）

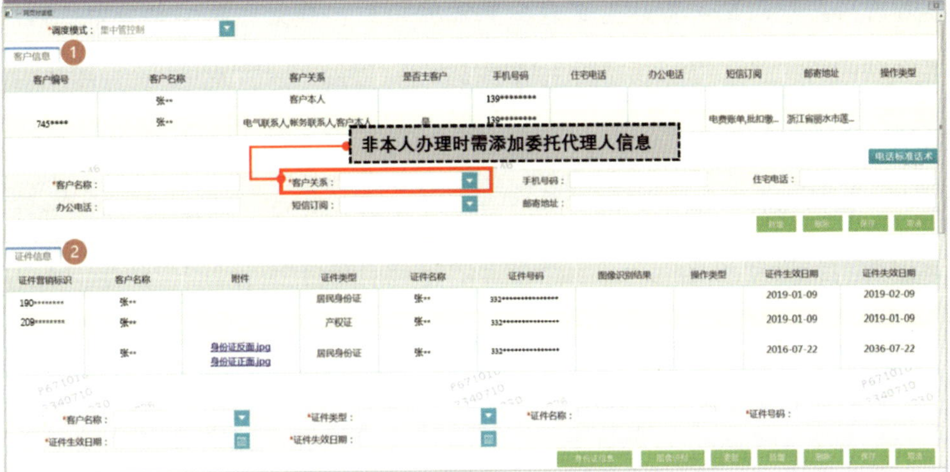

（1）客户信息：客户关系一定要有客户本人、电气联系人、账户联系人信息。
（2）证件信息：户主办理时必须要身份证，非户主办理时需要委托书、户主及经办人身份证。

校验（2）

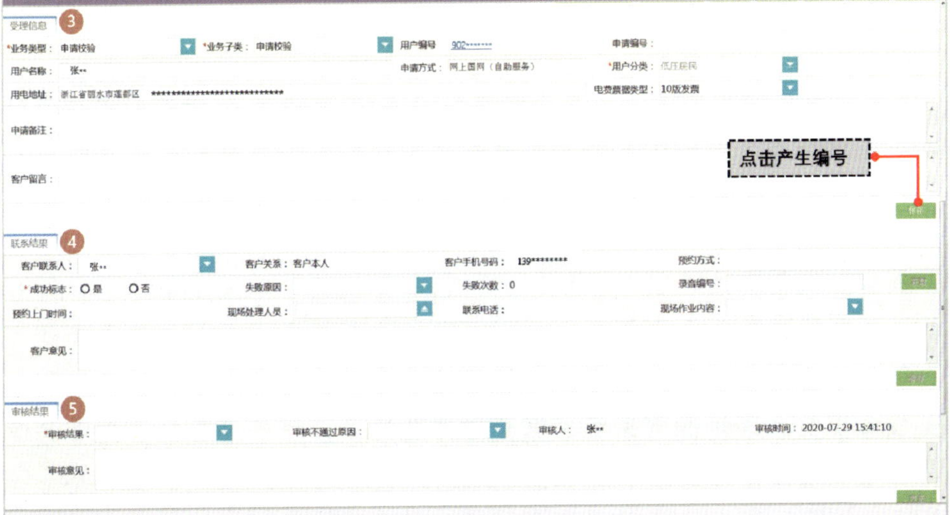

客户信息与证件信息对应时，点击保存，产生申请编号。

服务调度&服务管控

为确保业务全覆盖和风险可控，合理开展现场服务资源调配，有效开展服务管控，针对高、低压业扩及变更业务特点，服务调度可划分为“客户经理制”“预约管控制”“时限管控制”三类服务调度模式。

客户经理制

客户经理制是指通过电子渠道受理营销业务后，服务调度人员集中分配客户经理资源，将客户经理联系方式及服务时限要求告知客户。

适用范围：客户经理制适用但不仅限于高压新装、高压增容、分布式电源新装、分布式电源增容等业务。

以上4类业务均由高压客户经理班负责，高压客户经理班应负责核实各客户经理姓名、联系电话、技能等级等信息清单，并录入系统，及时调整客户经理信息，实现系统动态更新。客户经理需第一时间与客户预约上门时间，并在2个工作日内完成查勘派工。

预约管控制

预约管控制是指通过电子渠道受理营销业务后，由服务调度人员依据现场服务班组的承载力，对业务申请确定现场作业计划，完成客户预约并向基层班组派单。

适用范围：预约管控制适用但不仅限于低压居民新装、低压非居民新装、低压居民增容、低压非居民增容、申请校验等业务。

各基层班组根据城区、农村等不同区域投入可查勘、装表、电能表现场校验的队伍及作业次数，编制现场服务承载力清单，按日编制，按周提交。现场服务班组根据预约作业计划开展现场服务，向服务调度班反馈工作进展，作业完成后由服务调度人员回复客户。

时限管控制

时限管控制是指通过电子渠道受理营销业务后，服务调度人员根据确定的业务时限标准开展业务处理。业务办结后，将业务办结信息推送至客户。

适用范围：时限管控制适用但不仅限于更名、过户、改类一基本电价计费方式变更、改类一调整需量值、改类一居民调分时表、更改交费方式一增值税变更等业务。

服务调度班需在流程时限内完成流程闭环，对达到时限预警阈值仍未完成的流程进行催办；对达到办理时限仍未完成的流程进行跟踪督办。

客户回访

在流程归档后一个工作日内，对客户进行电话回访，与客户确认工作结果、服务满意度等。

流程及详解

1 致电客户

流程归档后，在1个工作日内对客户进行电话回访，填写调查问卷，收集客户对电力服务的意见及建议。

2 问题核查

服务调度班对回访中客户反映的问题，在30分钟内以工单形式下发至责任班组进行核实处理。

3 结果确认

责任班组接单后，在1个工作日内进行核实处理并将处理结果反馈给服务调度班。

4 二次回访

服务调度班对处理结果进行客户二次回访。

客户回访（1）

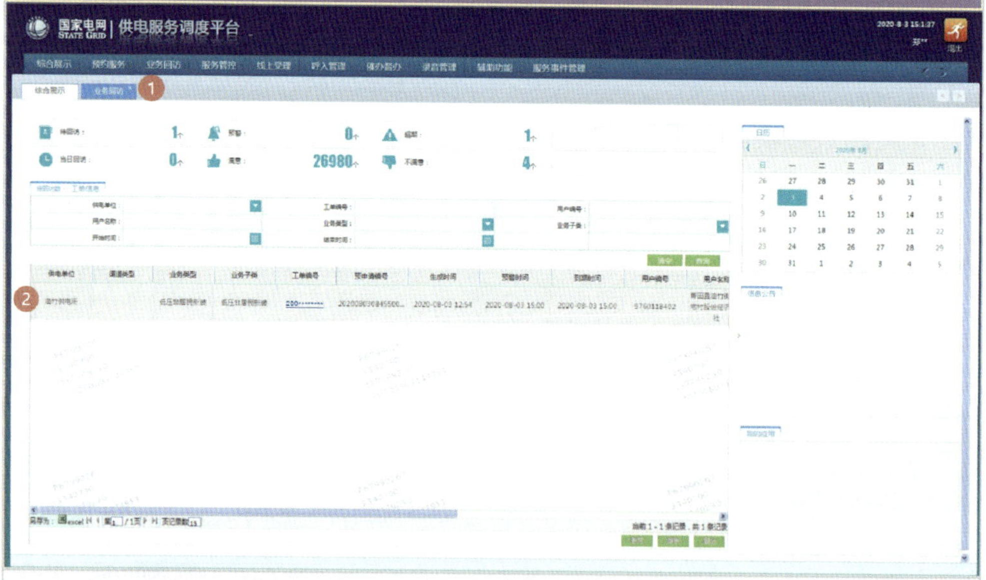

（1）点击“业务回访”。
（2）点击需要办理的“工单编号”。

客户回访（2）

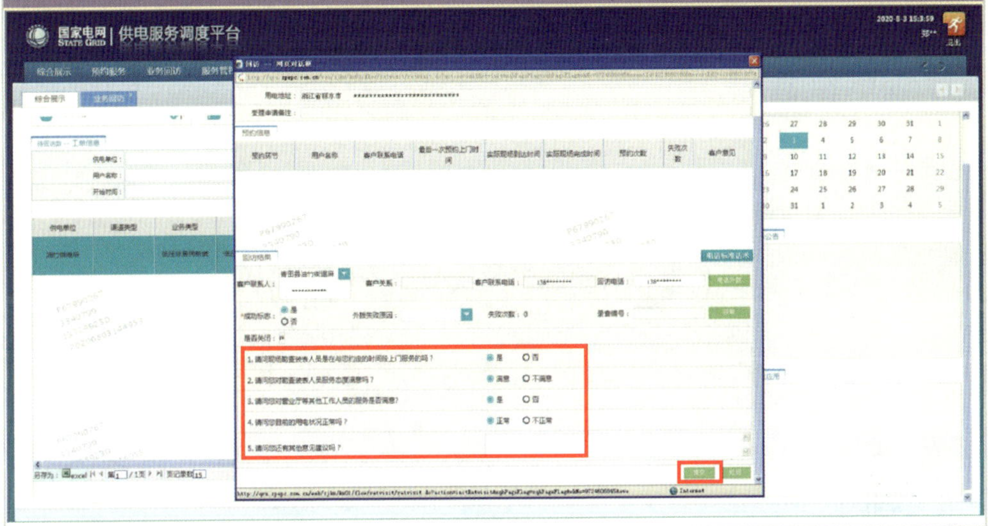

(1) 与客户取得联系后，点击成功标志的“是”选项。
(2) 按照顺序进行客户满意度调查。
(3) 完成联系后，点击“提交”。

工作质量管理流程

开展基础数据核查，确保客户基础信息准确有效；开展客户需求的收集、识别、分析，对客户反映的问题进行核实处理（派发工作联系单），持续提升客户关系管理能力，满足客户多样化、个性化需求。

三 外联业务

1 业务渠道

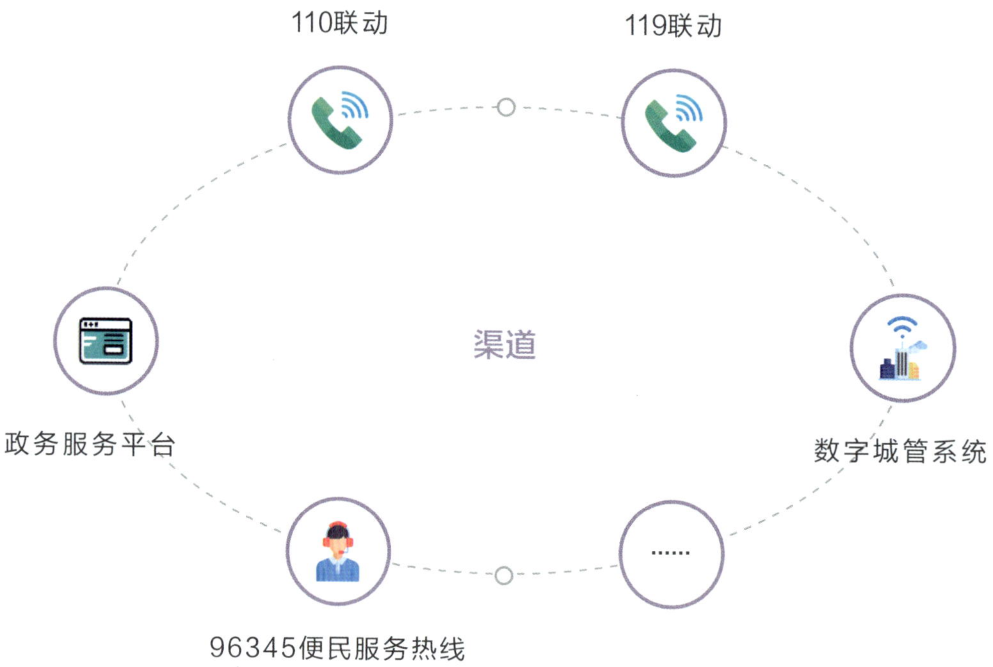

2 业务介绍

外联工单是指通过便民热线、网站、媒体等外部渠道受理的相关电力诉求，如电力设施异常、用电需求配合、停电咨询、电费电量问题等。

3 作业流程及详解

110联动工单流程

110受理 → 供指接单派发 → 处理部门调查、处理 → 供指审核、回访 → 反馈110

119联动工单流程

119受理 → 供指接单派发 → 处理部门调查、处理 → 供指审核、回访 → 反馈119

96345便民服务热线

96345热线受理 → 供指接单派发 → 处理部门调查、处理 → 供指审核、回访 → 反馈96345热线

政务服务平台工单流程

12345热线、网站受理 → 供指接单派发 → 处理部门调查、处理 → 供指审核、回访 → 反馈政务服务平台

数字城管工单流程

数字城管系统受理 → 供指接单派发 → 处理部门调查、处理 → 供指审核 → 数字城管现场核实

注：工单类型为业务咨询、信息查询、非电力流程只能自归档，不可发送。

PART 3 管控篇

为加强服务调度业务管控，有效防范业务差错，提升优质服务水平。服务调度班以工单化管理为手段，通过预警单、告警单、督办单三种工单的执行，对95598业务和线上业务的质量、时限及服务风险等进行全过程管控和评价。

一 管控流程

1 通用流程

- 根据阈值表设定的阈值作为服务调度管控单发起的主要原则。
- 预警、告警单由当值人员编制，班长签发。督办单由当值人员编制，班长审核，分管主任签发。
- 管控单按单位、按专题，参照模版编制，发送至责任单位。
- 告警、督办单要求在1个工作日内反馈。告警单由供指分中心主任或分管主任签字，盖部门章；督办单由分管领导签字，盖单位章。
- 当值人员做好告警、督办单的收集及登记工作，督办单反馈需转发分管主任。

通用流程

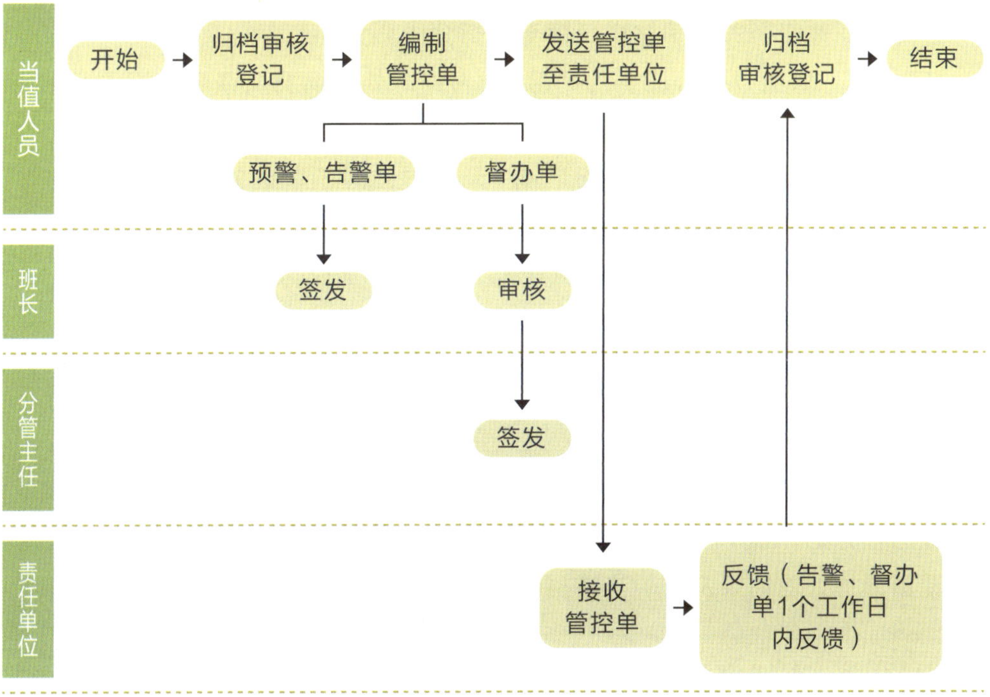

2 专用流程

约时工单

工作内容

不能在95598工单处理时限内解决客户诉求的工单应做约时处理。

工作要求

（1）服务调度班对回单内容带有“约时处理”标识的工单进行登记。

（2）处理单位应在约定时限内根据工单要求完成工作，告知客户处理结果，保存支撑材料，并将处理结果反馈至供指分中心。对于无法按约定时间完成客户诉求的，需与客户重新约时，保存支撑材料并反馈至供指分中心；对实际无法解决的客户诉求，可按照最终答复的要求进行闭环，并将相关证明材料反馈至供指分中心。

（3）供指分中心应于约期前2天将约时处理情况反馈至供指中心服务调度班。

（4）服务调度坐席于约期前1天，对约时工单的处理情况进行核查，对未按要求处理的工单发起告警。

（5）服务调度坐席对告警工单进行闭环管控，发现存在违约行为的，在1个工作日内发起督办。

工作流程

服务调度坐席人员每月定期对周期内的约时工单进行抽查，发现有违约行为的，在1个工作日内下发督办单，所属公司须在3个工作日内将调查分析处理结果及证明支撑材料以反馈单形式报送至服务调度班。

约时工单管控流程

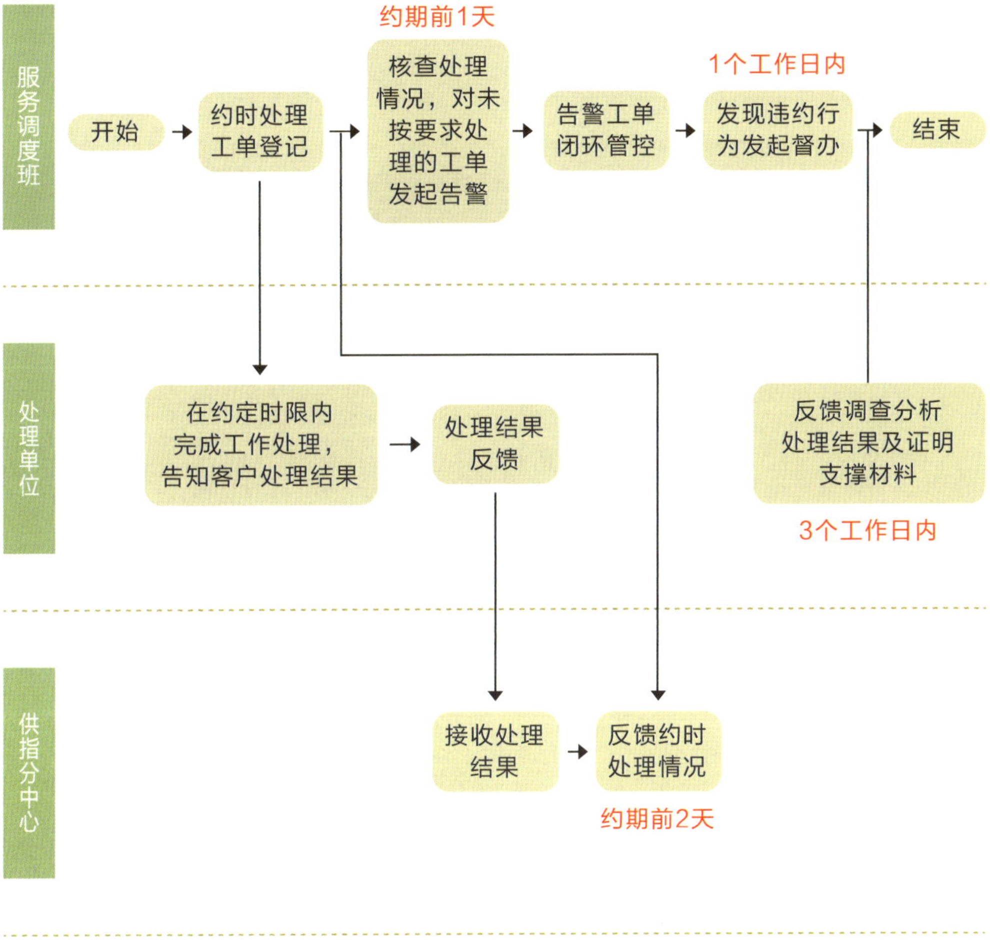
服务调度班
处理单位
供指分中心
开始
约时处理工单登记
约期前1天
核查处理情况，对未按要求处理的工单发起告警
告警工单闭环管控
1个工作日内
发现违约行为发起督办
结束
在约定时限内完成工作处理，告知客户处理结果
处理结果反馈
反馈调查分析处理结果及证明支撑材料
3个工作日内
接收处理结果
反馈约时处理情况
约期前2天

二 业务时限

1 非故障工单时限

三级时限管控表（以超期时间前工作小时为例）					
业务类型		时限	一级预警	二级告警	三级督办
投诉		3个工作日 6个工作小时	1个工作日	3个工作小时	1个工作小时
投诉		首次联系时间：24小时	—	3个工作小时	1个工作小时
意见		4个工作日	1个工作日	3个工作小时	1个工作小时
咨询		4个工作日	1个工作日	3个工作小时	1个工作小时
举报		9个工作日	1个工作日	3个工作小时	1个工作小时
建议		9个工作日	1个工作日	3个工作小时	1个工作小时
服务申请	电能表异常通用	4个工作日	1个工作日	3个工作小时	1个工作小时
服务申请	电表数据异常	4个工作日	1个工作日	3个工作小时	1个工作小时
服务申请	电器损坏核损	到达现场时长：23小时40分 回单时长：处理完毕后1个工作日以内	—	3个工作小时	1个工作小时
服务申请	欠费复电登记	处理完毕后1个工作日以内	—	3个工作小时	1个工作小时
服务申请	欠费复电登记	恢复送电时长：23小时40分	—	3个工作小时	1个工作小时
服务申请	其余类型	5个工作日	1个工作日	3个工作小时	1个工作小时

2 业扩回访偏差

<table>
<tr><th>业务类型</th><th>工作要求</th><th>预警</th><th>告警</th><th>督办</th></tr>
<tr><td>低压居民新装</td><td rowspan="6">当日申请
当日受理</td><td rowspan="6">—</td><td rowspan="6">3个工作日</td><td rowspan="3">5个工作日</td></tr>
<tr><td>低压居民增容</td></tr>
<tr><td>低压非居新装</td></tr>
<tr><td>低压非居增容</td><td rowspan="3">10个工作日</td></tr>
<tr><td>高压居民新装</td></tr>
<tr><td>高压居民增容</td></tr>
</table>

3 其他

序号	管控对象	管控标准
1	时限风险工单	3个月内出现2张“95598临近超期工单”派发督办单
2	流程超期	发生一起“95598工单和业扩流程超时限”派发督办单

三 业务质量

1 95598业务

工单规范

服务调度坐席开展95598工单的规范性审核，对六要素、基础信息错误的工单做退单处理，登记并通报。

重复诉求

服务调度坐席开展95598工单的重复性监控，对重复工单发起预警。责任单位根据预警单要求反馈处理结果。

重复工单 客户在3个月内2次以上拨打95598反映同一诉求的情况。

违约行为

服务调度坐席定期开展约时处理工单抽查，对周期内有违约行为的工单发起告警。处理单位应将约时处理结果反馈至客户，并针对处理经过和处理结果保存支撑材料；需延期时，应与客户重新约时并保存支撑材料；因客观原因无法解决客户诉求时，应及时向上级单位进行报备。

支撑材料 现场照片、音视频文件、第三方证明材料等。

2 线上办电

基础数据核查

线上办电坐席通过主动预约、主动通知和服务回访，及时核对客户户名、地址、联系方式等基础信息的准确性与完整性，对预约和回访中发现的错误信息派发，督促业务部门通过“多岗维护”订正完善客户基础信息，并对整改进行跟踪闭环管控。

服务质量核查

线上办电坐席对服务时限、服务态度和服务结果等方面开展主动回访服务，收集客户对电力服务的意见及建议，对回访中客户反映的问题进行核实处理并进行二次回访。如需开展现场穿透分析，工单交由调查大队开展后续调查分析。

3 日常工作

业务类型	预警	告警	督办
日常业务管控	当月发生1次RTX不在线	当月发生2次RTX不在线	当月发生3次及以上RTX不在线
	当月发生1次拨测错误	当月发生2次拨测错误	当月发生3次及以上拨测错误
	当月发生1次人员脱岗	当月发生2次人员脱岗	当月发生3次及以上人员脱岗

四 约谈

1 管控对象

供指中心针对供电业务的时限和质量进行监控，对存在重大服务风险的单位进行约谈。

2 约谈流程

约谈发起

供指中心编制约谈联系单。

约谈签发

供指中心分管领导审核约谈联系单，联合职能部室会签，上报市公司分管领导签发。

约谈通知

供指中心发送约谈联系单至县公司主要领导、分管领导和供指分中心主任。

约谈纪要

供指中心编制约谈纪要，发送至相关职能部室和县级供电单位。

PART 4 规范篇

一 话务规范

1 话务礼仪

电话礼仪

接听电话时，应做到语言亲切、语气诚恳、语音清晰、语速适中，语调平和、言简意赅。应根据实际情况随时说“是”“对”等，以示专心聆听，重要内容要注意重复、确认。通话结束，须等客户先挂断电话后再挂电话，不可强行挂断。

电话保持通畅

时刻保持电话畅通，电话铃响3声内接听，超过3声应道歉。接听内部电话时要首先问候，然后报出单位名称和姓名。

资料核对

核对客户资料时（姓名、地址等），应选择中性词或褒义词，避免使用贬义词或反面人物名字。

业务咨询

受理客户咨询时，应耐心、细致，尽量少用生僻的电力专业术语，以免影响与客户的沟通效果。如不能当即答复，应向客户致歉，并留下联系电话，尽快答复。客户咨询或投诉叙述不清时，应用客气周到的语言引导或提示客户，不随意打断客户的话语。

故障报修

接到客户报修时，应详细询问故障情况。如判断确属供电企业抢修范围内的故障或无法判断故障原因，应详细记录，并立即通知抢修部门前去处理。如判断属于客户内部故障，可电话引导客户排查故障。

主动致歉

因输配电设备事故、检修引起停电，客户询问时，应告知客户停电原因，并主动致歉。

打错电话处理

客户打错电话时，应礼貌地说明情况。对带有主观恶意的骚扰电话，可用恰当的言语警告后先行挂断电话并向上级汇报。

冲突处理

客户来电话发泄怒气时，应仔细倾听并做记录，对客户讲话应有所回应，理解对方，并安抚对方的情绪。如感到难以处理，应适时将电话转给值长、班长等，避免与客户发生正面冲突。

客户回访

每次回访时间间隔不小于2小时。如果确因客户原因回访不成功的，应在“客户意见”中写明失败原因。

回访预约

在回访客户前应熟悉工单回复内容，将工单回复的核心内容回访客户，不得以阅读工单的方式回访客户。遇客户不便接受回访时应与客户约定下次回访时间。

拨打时间

如无特殊情况，原则上每日12:00—14:00、21:00—次日8:00期间，不宜拨打客户电话。节假日期间不拨打客户电话。

话务禁忌

在公开场合接打电话时声音过大；在会场、课堂等场合接听电话；电话接通后，使用“喂”等有失礼貌的称呼；他人接打电话时旁听或插话。

2 话术要求

95598处理确认录音

处理确认录音

除客户明确要求不回访工单和匿名工单外，其余工单均采用人工采集处理录音。

参考话术

1 您好！这里是XX电力公司，（有姓氏）请问您是XX先生/女士（工单受理内容中的联系人）吗？/（无姓氏）请问您是XXXXXX的用户（工单受理内容中的地址）吗？

2 我们这里登记，XX先生/女士在X月X日用您这个电话拨打95598反映电力方面问题，您是他的家人吗？

3 您X月X日反映的XXXX问题，我们工作人员表示XX（处理经过复述），都已经给您处理/解决/答复？（语言自行组织，重点就是确认用户每一个诉求都得到切实有效解决）

4 请问您对我们的处理结果是否认可？

5 感谢您的配合，再见。

线上办电预约

线上办电预约中，服务调度人员需通过电话与客户核对申请信息，告知办理业务的流程时限、收费标准及注意事项等。预约管控模式下还需与客户预约服务时间，客户经理制模式下需告知客户接续环节服务时限。

环节目标	参考话术	预约管控制	客户经理制	限时办结制
开场白及客户身份确认	您好，我是XX供电公司服务调度人员，请问您是XX先生/女士吗?	✓	✓	✓
确认通话条件	请问您现在方便吗? /不好意思，可以打扰您几分钟吗?	✓	✓	✓
确认申请渠道及业务类型	请问X月X日您在营业厅/网上国网App申请办理了XX业务是吗?	✓	✓	✓
业务须知告知	（根据具体业务场景介绍，如峰谷电开通业务需告知时段电价，过户业务需告知特抄电费结算，校表业务需告知相关费用）您办理的XX业务后续流程环节主要包括XX（根据实际情况）。	✓	✓	✓
预约服务时间	请问您XX日XX点方便吗? 我们想与您预约下我们工作人员的上门服务时间。	✓	✓	
确认服务时间	XX日XX点左右我们将安排工作人员上门为您服务，到达之前我们工作人员将提前与您联系，请您保持XXXXXX电话畅通，由于现场需要您进行确认，届时也需要您到达现场。	✓	—	—
再次核对客户信息及诉求	我们跟您核对一下信息，您的XXXX（核对客户基础信息及申请的内容）信息是否准确?	✓	✓	✓

环节目标	参考话术	预约管控制	客户经理制	限时办结制
告知接续环节服务时限	客户经理在X个工作日内与您联系预约上门查勘时间，请您保持电话畅通。	—	√	—
告知全业务服务时限	您办理的业务会在X个工作日内完成，如有问题您可拨打XXXX进行咨询。	—	—	√
征询客户疑虑	请问还有什么可以帮您？	√	√	√
结束语	感谢您的接听，祝您生活愉快，再见！	√	√	√

业扩流程回访参考话术

服务调度人员需针对办电便捷度、“一次性告知”执行情况、现场服务质量、人员服务规范性等方面开展调查，征询客户其他诉求。对客户反映的不满意问题做好安抚，并记录派发相关部门处理。

环节目标	参考话术
确认客户及通话条件	您好，我是XX供电公司服务调度人员，请问您是XX（地址/单位）XX先生/女士吗？很抱歉打扰您几分钟，我们能对您前期办理的业务进行回访吗？
办电便捷度调查	（若用户在营业厅办理）请问您办理此项业务，一共到营业厅几次？
“一次性告知”执行情况调查	（若用户在营业厅办理）请问营业厅人员有告知您业务流程及相关注意事项吗？（可根据业务流程类型提示用户需要告知的内容）

环节目标	参考话术
到达现场准时性调查	请问现场工作人员是否在与您约定的时间上门服务？
人员服务规范性调查	请问您对我们现场工作人员、营业厅等其他工作人员的态度满意吗?
服务质量问题致歉（如客户对某项工作不满意或反应的问题无法立即答复）	十分抱歉，XX问题给您带来了不好的感受，我们已经记录，并将立即派发相关单位处理，XX个工作日内将答复您，请您耐心等待，您也可以再次拨打此电话查询处理进度。
征询客户疑虑	请问您还有其他的意见建议吗?
结束语	感谢您的配合，祝您生活愉快，再见！

客户来电

客户来电过程中，工作人员需准确判断客户所咨询的业务类型，引导客户提供准确的用电基础信息并与客户核对确认，按相关法律法规或规章制度简单、准确地答复或给出解决方案，对无法立即答复的问题，需详细记录客户诉求，在3个工作日内电话回复客户。

参考话术

A 您好，这里是XX供电公司，请问有什么可以帮助您？

B 您要咨询的问题是XXXX，对吗？

C （如无法直接答复）您咨询的问题，因XX原因，无法立即答复您，我们已经记录，并将立即派发相关部门处理，3个工作日内将联系答复您，请您耐心等待，您也可以再次拨打此电话查询进度。

D 请问您还有其他的疑问吗？

E 祝您生活愉快，再见！

二 礼仪规范

1 仪容仪表

着装

着装统一：上岗应统一着装，佩戴统一编号的工作牌或工号牌，统一服务形象。

着装整洁：着装应保持整洁、无明显污渍。套装应平整、清洁。衬衣下摆束入裤腰或裙腰内，袖口扣好，内衣不外露。扣子齐全，不漏扣、错扣。男士着西装时，应系好领带，不将领带置于松开状态，做到不敞怀、不挽袖口和裤脚。

仪容

仪容大方：仪容应整洁大方、简约朴实、自然得体。

头发卫生：头发干净、梳理整齐。忌头发蓬乱、发型怪异。男士不留长发，头发前不覆额、侧不掩耳、后不触领。

女士长发盘起并用统一的发饰固定在脑后，短发应合拢在耳后，不披发上岗。

男士仪容标准　　女士仪容标准

站姿

正确的站姿

双臂侧放式

两脚跟靠拢，脚尖分开成60度(呈V字形)，两膝并拢、挺直，双臂自然下垂，虎口向前，手指自然弯曲。

双臂后背式

两腿分开与肩同宽，两脚平行，双手在背后轻握于后腰处，右手握住左手手指部位，两臂肘关节自然内收。

腹前握指式

双手在腹前相交，右手握住左手自然下垂，双脚并拢，脚跟相靠，脚尖微开。

▶ 腹前握指式

两脚跟靠拢，两膝并拢、挺直，两脚尖分开成30度(呈V字形)，左手在下、右手在上在小腹前交叉叠放。

丁字步腹前握指式 ◀

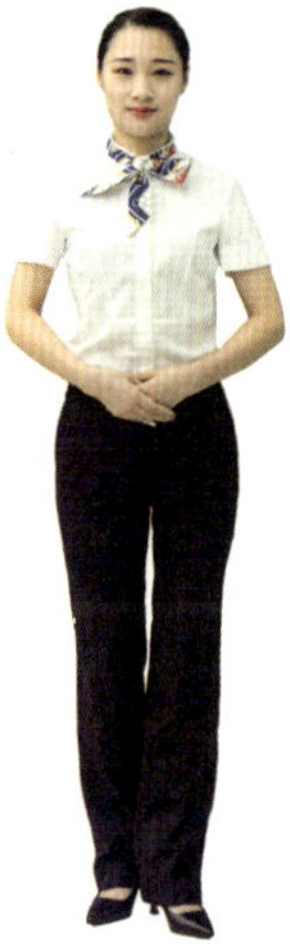

一脚在前，脚跟靠在另一只脚的内侧，双手在腹前相交，右手握住左手手指部位。

禁忌

站立时双手抱胸、叉腰，探脖挺腹、斜肩弓背、趴伏依靠。

坐姿

坐姿要求

坐下时，上身自然挺直，头部端正，双肩平衡放松，脖子伸直，挺胸，后背与椅背保持一定间隙。有尊者（客户）在座时，不可满座，应只坐满椅面的2/3。男士应两腿略为分开，或交叉重叠。女士应双膝自然并拢，腿往回收。椅子过低时，双膝并拢侧向一边。

尊者优先

就座时应遵循尊者（客户）优先的原则，或同时就座。入座时应从椅子的左侧落座，右侧离座。落座时目视前方或面对交谈对象。

禁忌

落座时弓腰驼背、腿部抖动、身体歪斜、跷二郎腿、用手托腮或趴在工作台上。

正确坐姿

错误坐姿

会议礼仪

坐席排序：会议座席以中央首席为准，按左高右低原则排列。

提前到达：应按规定着装，带好相关材料，提前5分钟到达会场。

会议礼仪：会议进程中个人通信设备应关闭或设置为静音状态，应认真专注，不干扰他人发言，不随意插话，不在会场随意走动或接听电话。

详细记录会议讨论的重点和其他与会者的意见。如需提问，应选择恰当的时机。

散会后应随手将纸杯、纸巾等收好带走。

禁忌

在会上交头接耳、闭目养神、吸烟、传阅与会议无关的读物，或在会议进行中不辞而别。

办公礼仪

- 同事之间应使用礼貌用语，互相尊重。
- 遇到客户和同事时，应先行示礼，示礼时应当注目并微笑。
- 在办公场所说话，音量应保持适度，尽量不接打私人电话。

禁忌

大声喧哗、交头接耳、窃窃私语，或在办公场所吸烟。

2 物品定制

办公室

办公室主要用于办公人员处理日常工作事物，办公场所由办公设备、办公人员及其他辅助设备组成。

1 物品配置及物品规范示意图

- 办公桌椅
- 计算机
- 办公电话
- 液晶显示屏
- 音响系统
- 中控系统
- 绿植

2 注意要点

- 办公室物品的摆放以整齐、整洁、有序为主。
- 岗位牌固定放置于办公桌左方（办公桌隔板内侧）。
- 桌面上除统一定制的茶水杯、电话机及其他办公必需品外，不得摆放其他物品。
- 茶水杯一律靠近隔板放置于办公桌左（右）方。
- 影响整体美观的私人物品不允许出现在办公室内，个人物品放置于抽屉及个人的储物柜内。
- 办公用品文件放置要整齐有序，文件处理完后要放入文件夹，短期内不需要处理使用的文件放置于文件柜内，文件柜置于档案室。
- 办公室的液晶显示屏等配套系统只做工作需要使用，不得用于其他用途。
- 办公室内墙面及所有办公设施不得私自张贴画报、随意涂鸦、嵌入铁钉等不得破坏墙面美观。
- 下班（或外出）时，将办公椅放在办公桌下的空间处，椅背贴桌面平行，最后离开办公室时，须将饮水机、电脑、照明灯关闭，切断电源。

会议室

会议室主要用于召开班组会议和班组员工培训。

1 物品配置及物品规范示意图

- 会议桌椅
- 茶水柜
- 空调
- 加湿器
- 绿植

2 注意要点

- 会议室保持干净、整洁。
- 会议室使用结束后，将办公椅放在办公桌下的空间处，椅背贴桌面平行，使用过的茶具及时清洗和消毒。

资料/档案室

资料/档案室主要用于部门档案的收集、整理、分类、保管、统计及归档。

1 物品配置及物品规范示意图

- 资料档案柜
- 办公桌椅
- 消防设施

2 注意要点

- 资料柜安装标识，分类明确，柜内文件分门别类，整齐摆放。
- 资料室内严禁吸烟、点火，禁止存放易燃、易爆等有害有毒物品。
- 定期检查室内、柜内的防火、防潮用品，保持室内清洁卫生，通风干燥。
- 离开档案室时，必须检查好门、窗，加强防范措施，妥善保管钥匙，做到离室随手关门、关闭电源、锁好房门。

休息室

员工休息室主要为班组值班人员的休息、值班场所。

1 物品配置及物品规范示意图

- 办公桌椅
- 计算机
- 储物柜
- 电话
- 空调
- 床及配套卧具、床头柜
- 毛巾架/脸盆置物柜
- 冰箱/微波炉/热水壶

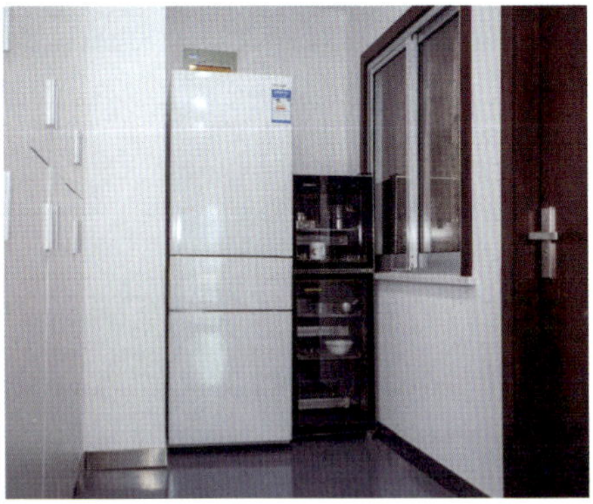

2 注意要点

- 员工休息室内个人物品配置摆放需统一。
- 值班人员的床铺寝具统一配置，上班期间非休息时段每个人的被子、被单、枕头等一律整齐放置于个人的储物柜内。
- 员工不得擅自调换、抢占房间内公共物品（如床上用品、床位等）。休息时需关闭房门，贵重物品应另行保管。
- 员工休息后需整理好床铺，备下一位休息者使用。
- 床头柜可置于屋内适当位置，柜面干净、整洁可放置一部公共电话和绿植。
- 安全使用厨房内的电器，使用完毕后，需整理干净并切断电源。
- 洗漱间的脸盆架干净、无垢，脸盆架上可放置毛巾、皂盒。毛巾竖向两次折叠搭放于毛巾架上。
- 纸篓位置不要随意改变，当天值日人员应将垃圾及时倾倒。

PART 5 应急篇

一 应急事件定义

1 目的

提高防范和应对服务应急事件的能力，维护供电服务工作正常秩序，快速正确响应各种突发情况。

2 原则

预防为主，常备不懈。坚持预防与应急相结合，常态与非常态相结合，做好应对突发事件的各项准备工作。

二 应急组织机构及职责

为了响应各类应急事件，供电服务指挥中心服务调度班成立应急工作小组。小组组长由班组长担任，副组长由值长担任，小组成员包括所有班员。

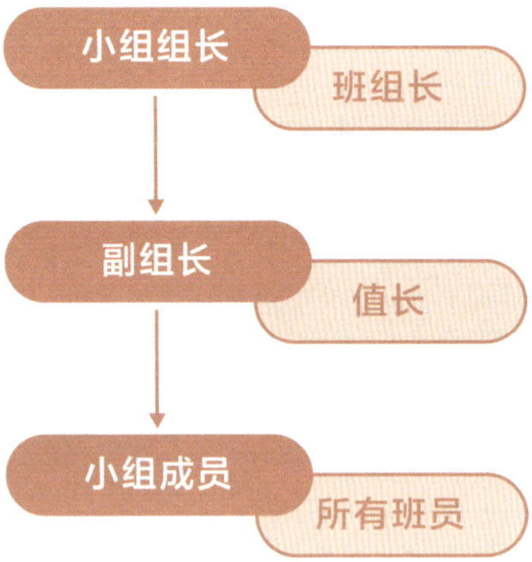

工作小组组长职责

- 负责应急工作小组日常工作。
- 负责编制应急预案。
- 履行指挥协调负责与公司应急管理小组工作对接。
- 负责向上级领导汇报应急事件响应进度。

工作小组副组长职责

- 负责组织小组成员学习各类应急预案。
- 负责实施各项应急预案演练。
- 负责协助应急响应。
- 负责向组长及时汇报应急事件的发生及响应进度。

工作小组组员职责

- 负责学习、掌握并执行各类应急预案。

三 应急处置流程

1 服务调度大厅失火

发现火情

值班人员发现火情立即向组长和部门领导汇报。

组织撤离

副组长指导火灾区域所有人员佩戴防毒面具，并组织人员按照消防疏散示意图撤离火灾区域。

转移伤员

发现有人烧伤，立即转移至安全地带，并呼叫救护人员。

汇报火情

副组长按下火灾警铃后向公司消控室电话报警，及时向组长和部门领导汇报火情。

处置灭火

在消控人员的指挥下，配合灭火工作。

工作汇总

应急结束后，由组长编写应急总结并汇报部门领导。

2 服务调度大厅供电中断

发生停电　值班人员发现停电立即向副组长汇报。

情况汇报　副组长立即电话联系监控室，及时向组长汇报。

停电报备　副组长第一时间通过电话向省公司中控室报备。同时，将报备结果向组长和部门领导汇报。

指挥协助　副组长致电县级协助单位，由其代替开展正常工作。

解除预警　恢复供电后，副组长组织值班人员检查是否具备恢复正常工作条件。

恢复正常　通知县级协助单位和省公司中控室解除预警，恢复正常工作。

工作汇总　应急结束后，由组长编写应急总结并汇报部门领导。

3 服务调度大厅网络中断

发生断网 值班人员发现网络中断立即向副组长汇报。

情况汇报 发生与公司网络中断时，副组长立即电话联系市公司信通部门，及时向组长汇报。

断网报备 副组长第一时间通过电话向省公司中控室报备。同时将报备结果向组长和部门领导汇报。

指挥协助 副组长致电县级协助单位，由其代替开展正常工作。

解除预警	网络恢复后，副组长组织值班人员检查是否具备恢复正常工作条件。
恢复正常	通知县级协助单位和省公司中控室解除预警，恢复正常工作。
工作汇总	应急结束后，由组长编写应急总结并汇报部门领导。

4 公司应急响应

三级、四级响应应急

组长24小时值班保持手机畅通，每值增加1名备班人员，根据公司应急预案执行。

二级及以上响应应急

组长24小时在岗值班，每值增加2名备班人员，根据公司应急预案执行。

专项应急响应

根据专项应急预案执行。